Sumayya Abdul Rahim

Para além dos flocos: Malassezia furfur e a procura de um cabelo saudável

AF625282

Sumayya Abdul Rahim

Para além dos flocos: Malassezia furfur e a procura de um cabelo saudável

Investigar o fungo causador da caspa, os seus impactos na saúde do couro cabeludo e estratégias de mitigação eficazes para a caspa

ScienciaScripts

Imprint

Cover image: www.ingimage.com

This book is a translation from the original published under ISBN 978-3-659-69861-3.

Publisher:
Sciencia Scripts
is a trademark of
Dodo Books Indian Ocean Ltd. and OmniScriptum S.R.L publishing group

120 High Road, East Finchley, London, N2 9ED, United Kingdom
Str. Armeneasca 28/1, office 1, Chisinau MD-2012, Republic of Moldova, Europe
Managing Directors: Ieva Konstantinova, Victoria Ursu
info@omniscriptum.com

Printed at: see last page
ISBN: 978-620-8-58411-5

Para além dos flocos: Malassezia furfur e a procura de um cabelo saudável

Sumayya Abdul Rahim

Departamento de Pós-Graduação e Investigação em Botânica,

Mar Thoma College, Tiruvalla, Kerala, Índia

*Autor correspondente E-mail: sumayyasaril@gmail.com

RESUMO

A Malassezia furfur é um fungo lipofílico, dimórfico, semelhante a uma levedura, que habita habitualmente a pele humana e pode causar várias infecções cutâneas, incluindo caspa, foliculite, pitiríase versicolor, dermatite seborreica e dermatite atópica. Neste estudo, padronizámos meios de cultura para *M. furfur*, identificámos o fungo utilizando testes morfológicos e bioquímicos e examinámos o seu crescimento em condições variáveis de fontes de carbono, temperatura, pH e salinidade. O ADN genómico foi isolado de *M. furfur* e foi efectuada uma análise de polimorfismo de comprimento de fragmentos de restrição (RFLP) para investigar a diversidade genómica. Os efeitos antifúngicos de extractos de plantas de 15 espécies foram avaliados contra *o M. furfur* utilizando o método de difusão de poços, e os resultados foram comparados com a eficácia de champôs disponíveis no mercado. As observações foram documentadas e discutidas, fornecendo informações sobre o potencial antifúngico dos produtos naturais.

Palavras-chave: Malassezia furfur, Atividade antifúngica, Extractos vegetais, Caracterização molecular, Tratamento da caspa.

CAPÍTULO 1

INTRODUÇÃO

Na sociedade contemporânea, as exigências dos estilos de vida modernos, juntamente com a proliferação de produtos cosméticos, alteraram significativamente as rotinas de cuidados pessoais, particularmente entre as gerações mais jovens. O desejo de manter uma aparência esteticamente agradável leva muitas vezes os indivíduos a dependerem fortemente de várias formulações cosméticas. Embora estes produtos possam melhorar o aspeto de uma pessoa, os seus componentes químicos provocam por vezes efeitos adversos, incluindo erupções cutâneas, queda de cabelo e secura do couro cabeludo (Willey et al., 2022). Entre estes efeitos, a caspa - um distúrbio comum do couro cabeludo - continua a ser uma preocupação prevalecente, afectando aproximadamente 5% da população mundial, particularmente indivíduos com idades compreendidas entre os 20 e os 30 anos (Shuster, 1984). A caspa manifesta-se através de descamação e comichão no couro cabeludo, frequentemente acompanhada de um couro cabeludo oleoso devido à hiperatividade das glândulas sebáceas (Dr. Vyjayanthi et al., 2004). A relação entre esta doença e o organismo fúngico *Malassezia furfur* tem suscitado uma atenção significativa na investigação dermatológica.

A Malassezia furfur, anteriormente classificada como *Pityrosporum ovale*, é um fungo lipofílico semelhante a uma levedura que é um componente normal da microbiota da pele humana. Habita predominantemente as regiões sebáceas da pele, incluindo o couro cabeludo, a face e o peito (Gonzalez & Cardenas, 2009). A proliferação de *M. furfur* está intimamente ligada à perturbação da renovação celular normal no estrato córneo, a camada mais externa da pele, resultando nos sintomas caraterísticos da caspa, tais como descamação, comichão e inflamação (Dawson et al., 2005). A investigação indica que o aumento de *M. furfur* se correlaciona com níveis elevados de produção de sebo, exacerbando os sintomas da caspa (Mishra, 2009).

A caspa é caracterizada por uma condição conhecida como hiperproliferação celular, em que os queratinócitos do estrato córneo se dividem excessivamente, levando à acumulação de células mortas da pele que se desprendem sob a forma de flocos (Dawson et al., 2005). Sendo um fungo dependente de lípidos, *a Malassezia furfur* utiliza ácidos gordos livres derivados de lípidos sebáceos para se desenvolver, o que penetra ainda mais no estrato córneo e perturba a sua função de barreira (Mishra, 2009). A taxonomia das espécies de *Malassezia* foi objeto de revisões significativas desde a identificação de *M. furfur* por Eichstedt em 1846. O género *Malassezia* foi reclassificado em várias espécies, culminando no entendimento contemporâneo que engloba 11 espécies distintas (Kaw Bing, 2005). Embora estas espécies sejam consideradas parte da microbiota normal da pele, podem tornar-se agentes patogénicos oportunistas em condições específicas, conduzindo a uma série de infecções cutâneas e sistémicas (Crespo et al., 1999; Moazeni et al., 2009).

Em ambientes laboratoriais controlados, *o M. furfur* pode ser cultivado em meios especializados, como o ágar Sabouraud Dextrose suplementado com lípidos. Nestas condições, o fungo manifesta-se tipicamente como colónias lisas, de cor creme e pastosas. Morfologicamente, as células exibem uma forma caraterística de garrafa e, bioquimicamente, utilizam hidratos de carbono como a dextrose e a xilose, produzindo ácido sem gás (Vijaya Kumar et al., 2006). O ágar Dixon também foi identificado como um meio de crescimento eficaz para *M. furfur* em condições enriquecidas com lípidos (Baillon, 1889).

O tratamento da caspa envolve predominantemente a utilização de champôs comerciais anti-caspa, que contêm frequentemente ingredientes activos como o cetoconazol, o lauril éter sulfato de sódio e o piritionato de zinco. Estes champôs são concebidos para atacar *a Malassezia furfur* e reduzir a sua população no couro cabeludo. No entanto, os componentes sintéticos destes produtos podem provocar vários efeitos secundários, incluindo irritação do couro cabeludo, secura e até queda de cabelo (R. Vijayakumar et al., 2006). À medida que a consciência destes potenciais efeitos adversos aumenta, muitas pessoas procuram alternativas mais suaves para o tratamento da caspa.

Estudos recentes sublinharam a promessa de agentes antifúngicos à base de plantas como alternativas mais seguras para o controlo de *M. furfur*. Estes produtos naturais oferecem menos efeitos secundários e um risco reduzido de desenvolvimento de resistência em comparação com os medicamentos antifúngicos tradicionais (Lee, 2010). Por exemplo, os extractos de **Emblica officinalis** demonstraram propriedades antifúngicas significativas contra espécies de *Malassezia* (Bhattacharya & Ghosh, 2000). Do mesmo modo, outros extractos de plantas, tais como **Eclipta alba** (Zhang, 1996) e **Wrightia tinctoria** (Krishnamurthy, 2008), apresentam actividades antifúngicas promissoras, sugerindo a sua potencial aplicação no tratamento da caspa. Os compostos bioactivos encontrados nestas plantas, incluindo taninos, derivados de indol e saponinas, demonstraram inibir o crescimento de *M. furfur*, apresentando uma alternativa viável às formulações anti-caspa convencionais (Wang et al., 2003).

Para além de explorar a eficácia antifúngica dos extractos de ervas, os avanços nas técnicas de caraterização molecular melhoraram a nossa compreensão da *Malassezia furfur*. Os métodos de identificação baseados no ADN, em particular o Polimorfismo de Comprimento de Fragmentos de Restrição (RFLP), surgiram como ferramentas eficazes para identificar com precisão várias espécies de *Malassezia*. A análise RFLP do rDNA 26S utilizando enzimas de restrição específicas (por exemplo, HhaI e BstF5I) provou ser fiável para estudar a diversidade genética dentro do género (Sierra et al., 2008; Gonzalez et al., 2008). Estas técnicas moleculares fornecem informações valiosas sobre a composição genética de *M. furfur*, abrindo caminho para novas investigações sobre a sua patogenicidade e mecanismos de resistência.

Este estudo tem como objetivo comparar os efeitos antifúngicos dos extractos de plantas com os dos champôs comercialmente disponíveis no controlo da *Malassezia furfur*, concentrando-se na sua eficácia na inibição do crescimento fúngico. Utilizando extractos de plantas de 15 espécies medicinais, investigamos as caraterísticas morfológicas e bioquímicas da *M. furfur*, ao mesmo tempo que realizamos uma análise genómica para fornecer uma compreensão abrangente da sua patogenicidade e tratamento. Os objectivos específicos desta investigação incluem o isolamento de *M. furfur* como agente causador da caspa, a caraterização da sua natureza morfológica e bioquímica através da coloração com azul de metileno e de ensaios bioquímicos, e a otimização das condições de cultura - tais como meios, temperatura, pH, salinidade e fontes de carbono - para o seu crescimento. Além disso, avaliaremos a eficácia antifúngica de extractos naturais de plantas contra *M. furfur* e compararemos estes efeitos com os dos champôs anti-caspa disponíveis no mercado. Por fim, isolaremos o ADN genómico de *M. furfur* e examinaremos a sua diversidade genómica utilizando a análise RFLP, contribuindo para uma compreensão mais profunda deste agente patogénico fúngico e das potenciais opções de tratamento.

CAPÍTULO 2

MATERIAIS E MÉTODOS

Relatório do inquérito

Foi realizado um inquérito entre os estudantes do St. Berchman's College para estimar a prevalência da infeção pela caspa. Um total de 100 estudantes com idades compreendidas entre os 19 e os 22 anos foram selecionados para estudos posteriores.

Recolha de amostras

As amostras de fungos foram recolhidas através da raspagem de flocos de caspa da cabeça dos participantes no inquérito, utilizando cotonetes esterilizados. As amostras recolhidas foram inoculadas em caldo Sabouraud Dextrose Agar (SDA) em tubos de cultura esterilizados e incubadas durante a noite. Após a incubação, as amostras foram armazenadas num frigorífico para análise posterior.

Análise quantitativa da carga fúngica patogénica na amostra

O ágar Sabouraud Dextrose ou SDS pode ajudar a facilitar o crescimento deste fungo dependente de lípidos, imitando as condições do seu habitat natural, que é rico em lípidos. Segue-se um protocolo pormenorizado para a preparação do ágar SDS:

1. **Ingredientes para o Ágar Sabouraud Dextrose:**
    - o Peptona: 10 g
    - o Dextrose (glucose): 40 g
    - o Ágar: 15 g
    - o Água destilada: 1 L

- o Indicador de pH (se necessário): pH 5,6 (utilizando HCl ou NaOH para ajustamentos)

2. **Dodecil Sulfato de Sódio (SDS):**
   - o SDS em pó: normalmente cerca de 0,5-1% de concentração final no meio.

Etapas de preparação

1. **Preparação do meio SDA:**
   - o **Pesar e misturar os ingredientes:**
     - Num copo limpo, pesar 10 g de peptona, 40 g de dextrose e 15 g de ágar.
     - Adicionar cerca de 900 mL de água destilada ao copo.
   - o **Dissolver os ingredientes:**
     - Aquecer a mistura numa placa de aquecimento, mexendo continuamente até todos os componentes se dissolverem completamente. Evitar a ebulição para evitar a degradação do ágar.
   - o **Ajustar o pH:**
     - Verificar o pH da solução utilizando um medidor de pH ou tiras de pH. Ajustar o pH para 5,6 utilizando HCl ou NaOH, se necessário.
2. **Adição de FDS:**
   - o **Dissolver SDS:**
     - Medir a quantidade adequada de SDS (0,5-1 g para 100 mL de meio, dependendo da concentração final pretendida).

- Adicionar o SDS ao meio SDA dissolvido e misturar bem até estar completamente dissolvido. Assegurar que o SDS é completamente solubilizado, uma vez que não é tão facilmente solúvel como os outros componentes.

3. **Completar o volume:**
   - Adicionar água destilada à solução para obter um volume final de 1 L.
4. **Esterilização:**
   - Transferir o meio preparado para garrafas ou frascos de vidro adequados e tapar ligeiramente.
   - Autoclavar o meio a 121°C durante 15-20 minutos para esterilizar.
5. **Pratos de servir:**
   - Após a autoclavagem, deixar arrefecer o ágar até cerca de 45-50°C.
   - Verter o ágar arrefecido em placas de Petri esterilizadas até uma profundidade de cerca de 3-4 mm. Deixar o ágar solidificar à temperatura ambiente.
6. **Armazenamento:**
   - Uma vez solidificadas, as placas de ágar podem ser armazenadas de cabeça para baixo num frigorífico (4°C) para evitar a condensação na superfície do ágar.

Isolamento e rastreio

Para isolar *a Malassezia furfur*, a cultura foi esfregada em placas de Petri contendo meio Sabouraud Dextrose Agar (SDA), que é especificamente formulado para apoiar o crescimento de fungos. Neste meio, a dextrose actua como a principal fonte de hidratos de carbono, fornecendo a energia necessária para o metabolismo dos fungos, enquanto a peptona fornece o azoto e os nutrientes adicionais necessários para o crescimento. Para aumentar a disponibilidade de lípidos, que é crucial para o crescimento do *M. furfur*, foi incluída manteiga como fonte de lípidos, uma vez que este fungo prospera em ambientes ricos em lípidos devido às suas necessidades nutricionais únicas.

O pH do meio foi cuidadosamente ajustado para 6, um intervalo ótimo para o crescimento fúngico, utilizando soluções estéreis de ácido clorídrico (HCl) ou hidróxido de sódio (NaOH). Este ajuste é fundamental, uma vez que o pH pode influenciar significativamente o crescimento microbiano e a expressão das vias metabólicas.

Após a preparação, as placas foram incubadas à temperatura ambiente (aproximadamente 25-30°C) durante 2 a 3 dias para permitir o desenvolvimento de colónias. Após a incubação, as colónias que emergiram no ágar foram contadas e registadas com base nas suas caraterísticas morfológicas, como a cor, a textura e o tamanho, que ajudam na identificação preliminar.

Seleção in vitro de *Malassezia furfur* utilizando meios selectivos

As amostras recolhidas, principalmente de caspa, foram esfregadas em SDA e incubadas em condições de temperatura semelhantes durante dois a três dias. À medida que a cultura crescia, surgiam colónias de fungos, exibindo várias cores, incluindo branco, amarelo e rosa, que são caraterísticas do *M. furfur* associado à caspa.

Durante esta fase, as colónias foram cuidadosamente analisadas para detetar *a presença de Malassezia furfur*. Esta espécie forma tipicamente colónias de leveduras lisas e pastosas com um aspeto cremoso. Após a identificação visual, foram selecionadas cinco amostras distintas e inoculadas em caldo SDA para estudos posteriores. Este passo é vital para amplificar as colónias para análise bioquímica e morfológica, permitindo uma melhor caraterização da *M. furfur*.

Identificação in vitro de *Malassezia furfur*

Testes morfológicos

A identificação morfológica envolveu a preparação de um esfregaço da cultura fúngica numa lâmina de vidro limpa. O esfregaço foi fixado ao calor para aderir às células e depois corado com azul de metileno, que realça a estrutura celular ao proporcionar contraste. Depois de deixar a coloração assentar durante cinco minutos, a lâmina foi lavada com água destilada para remover o excesso de corante.

A lâmina preparada foi examinada ao microscópio com uma objetiva de imersão em óleo de alta potência (ampliação de 1000x). Foram registadas as principais caraterísticas morfológicas, incluindo a forma das células (tipo levedura), o tamanho e a disposição (por exemplo, brotamento), que são fundamentais para distinguir *M. furfur* de outros fungos.

Testes bioquímicos

A identificação bioquímica utilizou um kit bioquímico especificamente concebido para avaliar a utilização de vários hidratos de carbono. Este incluía glucose, arabinose, manitol, ramnose, sacarose e citrato, que são indicadores de capacidades metabólicas. Cada hidrato de carbono foi testado para observar os padrões de fermentação, que ajudam a confirmar a identidade de *M. furfur*.

Para o teste de hidrólise da gelatina, tubos profundos de gelatina nutritiva contendo 12% de gelatina foram inoculados com um inóculo pesado da cultura pura de *M. furfur*. Estes tubos foram incubados durante pelo menos 48 horas à temperatura ambiente, permitindo que o organismo hidrolisasse a gelatina. Após a incubação, os tubos foram refrigerados durante cerca de 30 minutos para solidificar a gelatina, permitindo a observação da liquefação, indicando uma atividade de gelatinase positiva. Todos os resultados bioquímicos foram meticulosamente registados e comparados com gráficos normalizados para identificação.

Padronização do crescimento *de M. furfur*

Efeito das substâncias gordas

Para padronizar as condições de crescimento de *M. furfur*, cinco substâncias gordas diferentes - óleo de milho, manteiga, azeite, óleo de coco e óleo de rícino - foram incorporadas em meios líquidos e sólidos de ágar Sabouraud Dextrose a um volume de 2 ml cada. Foi também mantido um meio de controlo sem substâncias gordas para fins comparativos. Esta abordagem teve como objetivo avaliar a influência de várias fontes de lípidos na taxa de crescimento de *M. furfur*, uma vez que a disponibilidade de ácidos gordos é crítica para o seu crescimento.

A taxa de crescimento foi monitorizada durante um determinado período, com contagens de colónias ou medições turbidimétricas registadas a intervalos regulares para quantificar os efeitos de cada substância gorda.

Seleção de meios adequados

Foi analisada uma variedade de meios para determinar as condições de crescimento óptimas para *M. furfur*. Estes incluíam o meio Dox de Czapek, o meio nutritivo, o meio de dextrose de batata, o meio de dextrose de Sabouraud e o meio de maltose de Sabouraud. A composição de cada meio foi avaliada com base na sua capacidade de suportar o crescimento fúngico, com factores como a disponibilidade de nutrientes e o pH considerados críticos para o sucesso. O crescimento foi avaliado através da medição da formação de colónias, da morfologia e da viabilidade geral.

Efeito da temperatura no crescimento de *M. furfur*

Para avaliar os efeitos da temperatura, 1 mL de caldo de cultura puro foi inoculado em meio líquido esterilizado de dextrose de Sabouraud e incubado a várias temperaturas: 10 ± 2°C, 20 ± 2°C, 30 ± 2°C e 40 ± 2°C. As culturas foram mantidas durante 7 dias, com observações registadas diariamente. Esta experiência teve como objetivo determinar a gama de temperaturas ideais para o crescimento, uma vez que a temperatura tem um impacto significativo na atividade metabólica e nas taxas de reprodução dos fungos.

Efeito do pH no crescimento de *M. furfur*

A influência do pH foi testada ajustando o pH do meio líquido de dextrose de Sabouraud para 4,10 utilizando NaOH 1N e ácido ortofosfórico 1N. Uma cultura pura de *M. furfur* foi inoculada em tubos contendo este meio, que foram depois incubados a 30 ± 2°C durante 7 dias. O crescimento foi avaliado para estabelecer a gama de pH favorável ao *M. furfur*, dado que o pH afecta a atividade enzimática e a permeabilidade das membranas nas células fúngicas.

Efeito da salinidade no crescimento de *M. furfur*

Para investigar os efeitos da salinidade, foi preparado um meio líquido de Sabouraud's dextrose com uma salinidade inicial de 0,002%, que foi subsequentemente ajustada para 0,004%, 0,006%, 0,008% e 0,01% utilizando cloreto de sódio (NaCl). Culturas puras de *M. furfur* foram inoculadas em cada concentração de salinidade e incubadas a 30 ± 2°C por 7 dias. Este estudo teve como objetivo avaliar a tolerância do organismo a condições salinas, uma vez que os ambientes salinos podem afetar o crescimento fúngico e a osmorregulação.

Efeito das fontes de carbono

Para explorar os efeitos da fonte de carbono, foi adicionada peptona ao meio líquido de dextrose de Sabouraud em concentrações de 0, 5, 10, 15 e 20 g/L. As culturas puras de *M. furfur* foram inoculadas nestes meios e incubadas a 30 ± 2°C durante 7 dias. Da mesma forma, a dextrose foi incorporada no meio líquido em concentrações de 0, 20, 40, 60 e 80 g/L. O crescimento foi monitorizado e medido utilizando um espetrofotómetro (método de turbidez), fornecendo dados quantitativos sobre a forma como as diferentes fontes de carbono influenciam a proliferação de fungos.

Plantas utilizadas no estudo

- **Phyllanthus emblica** (groselha da Índia): Esta árvore de folha caduca é conhecida pelas suas folhas pequenas e ovais e pelas suas flores verde-claras. O fruto é rico em vitamina C e antioxidantes, o que o torna eficaz no tratamento de doenças de pele, incluindo acne e problemas de pigmentação (Yadav & Singh, 2017).

- **Murraya koenigii** (Folha de Caril): Uma pequena árvore tropical com folhas aromáticas e flores brancas, as folhas são conhecidas pelas suas propriedades antibacterianas e anti-inflamatórias, auxiliando no tratamento de infecções cutâneas (Krishnaveni et al., 2019).

- **Citrus limon** (Limão): Uma pequena árvore perene com folhas brilhantes e frutos amarelos brilhantes, o sumo de limão tem propriedades adstringentes e antimicrobianas, sendo normalmente utilizado para clarear a pele e tratar o acne (Ezzat et al., 2014).

- **Ocimum sanctum** (Manjericão sagrado ou Tulsi): Esta erva sagrada tem folhas verdes ou roxas e pequenas flores brancas. As suas propriedades adaptogénicas e antibacterianas tornam-na benéfica para acalmar as irritações da pele e o acne (Pandey & Bhatt, 2014).

- **Eucalipto globulus** (Blue Gum): Uma árvore alta com folhas aromáticas e cachos de flores brancas, o óleo de eucalipto é reconhecido pelas suas propriedades anti-sépticas, eficazes no tratamento de feridas e infecções cutâneas (Khan & Ranjan, 2018).

- **Azadirachta indica** (Neem): Uma árvore de crescimento rápido com uma copa densa, as folhas e o óleo de neem possuem propriedades antibacterianas e antifúngicas potentes, tornando-os amplamente utilizados para o tratamento do acne e da psoríase (Farooq et al., 2017).

- **Centella asiatica** (Gotu Kola): Esta erva perene tem folhas em forma de leque e flores pequenas. É conhecida pelas suas propriedades cicatrizantes, estimulando a produção de colagénio, o que é benéfico para o tratamento de cicatrizes e doenças da pele (Lee et al., 2015).

- **Eclipta alba** (Margarida falsa): Uma planta herbácea com pequenas flores brancas, é tradicionalmente utilizada pelos seus benefícios para o cabelo e para a pele, tendo propriedades anti-inflamatórias que ajudam no tratamento de doenças do couro cabeludo (Adhikari et al., 2015).

- **Wrightia tinctoria** (Woad de Tintureiro): Uma árvore de tamanho médio com folhas estreitas e flores brancas, as suas propriedades antimicrobianas são utilizadas para tratar infecções cutâneas e promover a cicatrização (Mistry et al., 2016).

- **Cassia alata** (Arbusto-dos-anéis): Este arbusto é caracterizado por grandes flores amarelas e folhas largas. É utilizado pelas suas propriedades antifúngicas, eficazes no tratamento da micose e de outras infecções fúngicas da pele (Sahu & Jadhav, 2017).

- **Rotula aquatica** (Rotula): Uma erva aquática com folhas flutuantes e pequenas flores brancas, é utilizada na medicina popular pelas suas propriedades anti-inflamatórias e cicatrizantes, benéficas para doenças da pele (Memon et al., 2017).

- **Zingiber officinalis** (Gengibre): Uma planta com flores, folhas estreitas e um rizoma, o gengibre tem propriedades anti-inflamatórias e antimicrobianas, o que o torna útil no tratamento de várias doenças da pele (Thomas et al., 2016).

- **Eupatorium odoratum** (Ageratum): Esta erva perene tem folhas aromáticas e cachos de pequenas flores brancas. É conhecida pelas suas propriedades anti-inflamatórias, que podem ser utilizadas para irritações e infeções da pele (Olajide et al., 2019).

- **Ricinus communis** (Mamona): Uma planta grande com folhas largas, o óleo de rícino é apreciado pelas suas propriedades hidratantes e anti-inflamatórias, benéficas para a pele seca e pequenas feridas (Ofori et al., 2019).

- **Aloé vera** (Aloé): Uma suculenta com folhas espessas e carnudas, o gel de Aloe vera é conhecido pelas suas propriedades calmantes e cicatrizantes, sendo normalmente utilizado para tratar queimaduras, cortes e outras afecções da pele (Surjushe et al., 2008).

Efeito de extractos de plantas contra o crescimento de *M. furfur*

Para avaliar a atividade antimicótica das plantas medicinais, foram selecionadas quinze espécies de plantas comuns. As partes das plantas (folhas, raízes ou caules) foram cuidadosamente lavadas em água da torneira, seguida de água destilada esterilizada para eliminar os contaminantes. Em seguida, foram secas com papel mata-borrão esterilizado e secas à sombra para preservar os compostos sensíveis ao calor e evitar a desnaturação das proteínas, assegurando que os extractos mantivessem a sua atividade biológica.

Depois de secos, os materiais foram triturados até se tornarem um pó fino, utilizando um almofariz e pilão esterilizados, e o pó foi armazenado em frascos esterilizados para evitar contaminação. Cada amostra de planta (1 g) foi misturada com 5 mL de solventes de extração - éter de petróleo, acetona, etanol e água - para preparar os respectivos extractos. As misturas foram aquecidas num banho de água a temperaturas de 50-60°C durante 1 hora para facilitar a extração de compostos bioactivos. Os extractos resultantes foram filtrados, armazenados num frigorífico e utilizados para outros ensaios antimicóticos.

Ensaio antimicótico (método de difusão em poço)

A atividade antimicótica dos extractos de plantas foi avaliada utilizando o método de difusão em poços. As placas de Petri foram preenchidas com meio de ágar SDA e deixadas a solidificar. Após a solidificação, a cultura em caldo de *M. furfur* foi esfregada uniformemente nas placas utilizando cotonetes esterilizados para criar um relvado uniforme de crescimento.

Utilizando uma broca de cortiça esterilizada, foram criados seis poços em cada placa: um para o controlo e cinco para os extractos de plantas. Cada poço recebeu aproximadamente 100 µL do respetivo extrato de planta, enquanto o poço de controlo foi preenchido com 100 µL do solvente de extração. As placas foram incubadas à temperatura ambiente durante 24 horas. Após a incubação, as zonas de inibição em torno de cada poço foram medidas, indicando a eficácia de cada extrato contra *o M. furfur*.

Estudo comparativo do champô anti-caspa com extrato de plantas

Foi realizado um estudo comparativo de dez champôs anticaspa disponíveis no mercado para avaliar a sua eficácia contra o *M. furfur*. Cada champô (10 mg) foi pesado, misturado com 1 mL de água destilada num tubo Eppendorf e, em seguida, 100 µL do champô foram transferidos para poços designados numa placa de ágar, excluindo o poço de controlo. O controlo recebeu um volume semelhante de água destilada. As placas foram incubadas e as zonas de inibição foram medidas após a incubação, proporcionando uma análise comparativa da eficácia dos champôs comerciais contra os extractos de plantas.

Determinação da Concentração Inibitória Mínima (CIM)

Para determinar a concentração inibitória mínima (CIM), o extrato da planta e a amostra de champô que exibia a zona de inibição máxima foram selecionados para análise posterior. Ambas as amostras foram submetidas a uma diluição em série de uma forma simples, criando concentrações de 20%, 40%, 60% e 80%. Cada amostra diluída (100 µL) foi adicionada a poços separados contendo um relvado de *M. furfur*. A CIM foi determinada observando a concentração mais baixa que inibiu o crescimento visível do fungo, o que fornece informações críticas para o desenvolvimento de tratamentos antifúngicos eficazes.

Isolamento do ADN genómico

Para proceder à identificação molecular da *Malassezia furfur*, o ADN genómico foi isolado utilizando o seguinte protocolo:

1. **Inoculação**: Uma única colónia de *M. furfur* foi inoculada em 50 ml de caldo Sabouraud Dextrose Agar (SDA) e incubada durante a noite a 30°C com agitação vigorosa para promover o crescimento.
2. **Centrifugação**: Após a incubação, 1,5 mL da cultura foi transferido para um tubo de microcentrifugação e centrifugado a 10.000 rpm durante 10 minutos a 4°C para sedimentar as células.

3. **Adição de tampão**: O sobrenadante foi eliminado e o pellet foi ressuspendido em 400 µL de tampão TE. Esta mistura foi novamente centrifugada a 10.000 rpm durante 10 minutos a 4°C.
4. **Tratamento com SDS**: O sedimento foi dissolvido em tampão TE através de agitação em vórtice. Subsequentemente, foram adicionados 50 µL de tampão SDS 10× e a solução foi incubada a 65°C durante 30 minutos para lisar as células.
5. **Extração com fenol-clorofórmio**:
   - Após a incubação, foram adicionados 400 µL de fenol trissaturado ao lisado, seguido de centrifugação a 10.000 rpm durante 10 minutos a 4°C.
   - O sobrenadante aquoso foi cuidadosamente transferido para um novo tubo Eppendorf.
   - Ao sobrenadante, foram adicionados 400 µL de clorofórmio: álcool isoamílico (24:1) e a mistura foi novamente centrifugada.
6. **Precipitação do ADN**: O sobrenadante foi recolhido e misturado com 0,1 volume de acetato de sódio 3M e 2 volumes de álcool absoluto refrigerado. Esta mistura foi incubada em gelo a -20°C durante 1 hora, seguida de centrifugação a 12.000 rpm a 4°C. O sobrenadante foi eliminado e foram adicionados 500 µL de etanol a 70% antes da centrifugação a 10.000 rpm. Depois de remover o sobrenadante, o pellet de ADN foi seco e ressuspendido em 20 µL de tampão TE.
7. **Eletroforese em gel de agarose**: A qualidade do ADN genómico isolado foi avaliada por eletroforese em gel de agarose.

Eletroforese em gel de agarose

1. **Preparação do gel**: Foi preparado um gel de agarose a 0,8% utilizando tampão TAE 1× (preparado a partir de um stock de TAE 50×) e vertido numa plataforma de gel horizontal. O gel foi deixado a solidificar.
2. **Carregamento das amostras**: As amostras de ADN preparadas foram misturadas com o corante de carga e colocadas nos poços do gel.
3. **Eletroforese**: O gel foi colocado num aparelho de eletroforese com tampão TAE 1× e a eletroforese foi efectuada a uma voltagem constante (por exemplo, 100 V) até a frente do corante ter migrado uma distância adequada.
4. **Visualização**: Após a eletroforese, o gel foi corado com brometo de etídio (ou um corante de ADN alternativo) e visualizado sob luz UV para confirmar a presença e a qualidade do ADN genómico isolado.

CAPÍTULO 3

RESULTADOS

Resultados do inquérito

A caspa é caracterizada por flocos que se acumulam densamente no couro cabeludo, provocando uma queda de cabelo significativa e irritação, incluindo comichão e coçar.

Análise da carga fúngica

Foram obtidas numerosas colónias de fungos com um aspeto suave, pastoso e semelhante a levedura nas placas de ágar Sabouraud Dextrose (SDA). O número total de colónias foi contado e tabelado da seguinte forma:

Tabela 1. Contagem de colónias de fungos do couro cabeludo

NOME	SEXO	IDADE	NÚMERO DE COLÓNIAS		
			Amarelo	Branco	Cor-de-rosa
Anjumol Joseph	F	21	2400	112	1-
Ajeesh Joseph	M	22	6040	114	-
Deepthi Nath	F	20	-	108	-
Shan Thomas	M	19	480	122	9
Sharanya K. S	F	20	90	102	-
Anju K.M	F	18	260	100	-

Arun T	M	19	9	354	-
Joãozinho Magro	M	20	444	15	-
Ron Sunny	M	20	5520	76	-
Shintu Scaria	M	21	392	23	-
Bibin Mathew	M	20	-	180	-
Reedhu Raj	F	21	-	67	-
Ann Mary	F	20	82	12	-
Lincy Mol	F	21	3890	212	-
Remya K.S	F	20	360	140	-
Pratibha .P	F	21	-	280	13
Durga Devi	F	22	358	16	-
Vinu Mathew	M	20	2280	90	-
Sruthy M	F	19	2900	1260	-
Munzira P	F	21	117	7	-
Ancy Abraham	F	22	91	123	8
Shari S	F	19	268	108	-
Arun Joseph	M	21	-	83	-
Sam Thomas	M	21	1150	68	22
José J	M	20	-	198	-

A Malassezia furfur foi identificada em colónias amarelas, o que levou à seleção de cinco alunos com um elevado número de colónias amarelas para estudos posteriores.

Resultados da identificação in vitro

Morfologia

No meu estudo da *Malassezia furfur* utilizando ágar SDS, os resultados revelaram caraterísticas morfológicas distintas que são cruciais para a identificação deste fungo tipo levedura. Sob observação microscópica, notei a presença de células de levedura esféricas a ovais, que são típicas de *M. furfur*. Juntamente com estas células de levedura, existiam formas hifais curtas, embora estas sejam menos pronunciadas do que em muitos outros fungos filamentosos.

As colónias de *M. furfur* apareceram suaves, cremosas e pastosas no ágar SDS, reflectindo as suas necessidades de crescimento dependentes de lípidos. A inclusão de SDS no meio teve um duplo objetivo: melhorou a seletividade da cultura ao suprimir o crescimento de microrganismos contaminantes, permitindo simultaneamente uma visualização mais clara das colónias *de M. furfur*. Isso está de acordo com os resultados de pesquisas anteriores, que enfatizam a importância do uso de meios de cultura apropriados para o isolamento e identificação eficazes de espécies *de Malassezia* (Bouchara et al., 2018; Mazzarelli et al., 2019).

Figura: Couro cabeludo infestado de caspa

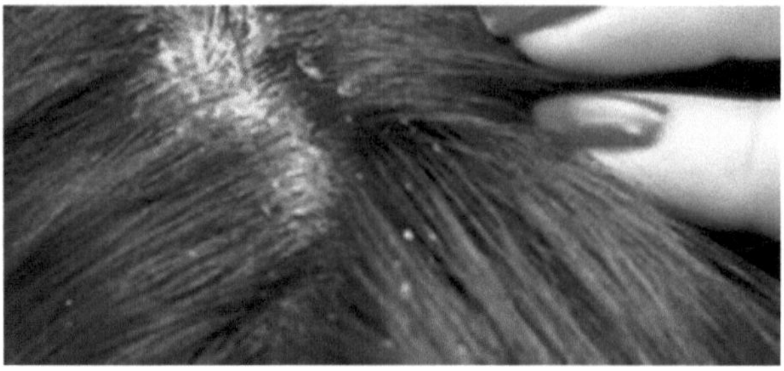

Figura: Um caso de dermatite seborreica é uma forma comum de eczema

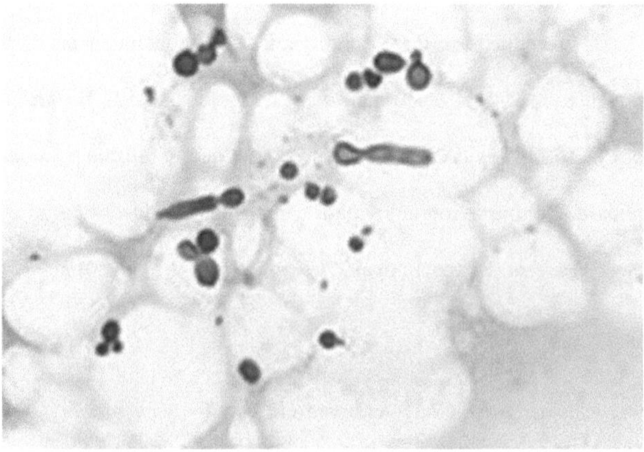

Figura: Morfologia de M. furfur mostrando células fúngicas semelhantes a leveduras juntamente com formas hifais curtas

Resultados bioquímicos

Quadro 2: Resultados bioquímicos

S.N	BIOQUÍMICA L TESTE	PRINCÍPIO	RESULTADO
1.	Utilização de citratos	Detecta a capacidade do organismo para utilizar o citrato como fonte de carbono da alma.	Positivo
2.	Glicose	Utilização da glucose	Positivo
3.	Adonitol	Utilização de adonitol	Positivo
4.	Arabinose	Utilização da arabinose	Positivo
5.	Rhamnose	Utilização de ramnose	Positivo
6.	Sacarose	Utilização de sacarose	Negativo
7.	Sorbitol	Utilização de sorbitol	Negativo
8.	Lactose	Utilização da lactose	Negativo
9.	Hidrólise da gelatina	Produção da enzima gelatinase	Positivo

Efeito das substâncias gordas

Entre as seis substâncias gordas testadas, o M. furfur apresentou um crescimento significativo em caldo de dextrose de Sabouraud e em meio de ágar contendo manteiga, seguido de óleo de milho, azeite, óleo de coco e óleo de rícino.

Substâncias gordas	Crescimento de M. furfur
Manteiga	++++
Óleo de milho	+++
Azeite	+++
Óleo de coco	+++
Óleo de rícino	++
Sem gordura	+

Chave:

- ++++ = Excelente crescimento
- +++ = Bom crescimento
- ++ = Crescimento justo
-
    - = Fraco crescimento

Seleção de meios adequados

Entre os diferentes meios testados, *o M. furfur* cresceu bem em ágar dextrose de Sabouraud e o seu caldo continha 2% de manteiga, seguido do meio de maltose de Sabouraud, do meio de dextrose de batata, do meio dox de Czapek e do meio nutritivo.

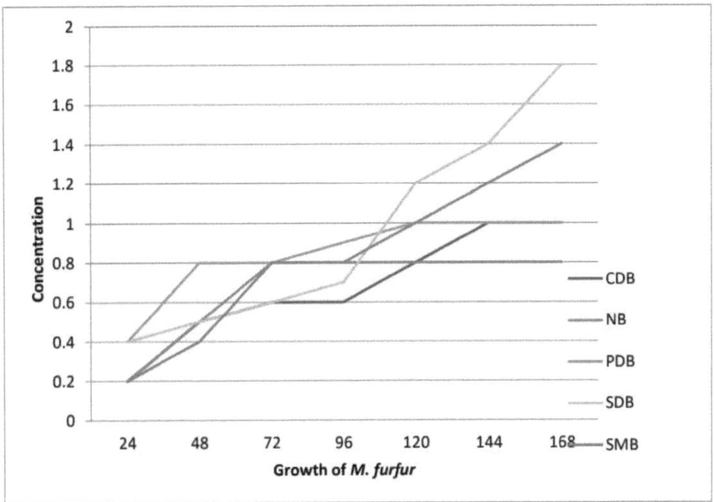

Figura 1.

Influência da temperatura, pH, salinidade, fontes de carbono (peptona e dextrose) no crescimento de M. furfur

A presente investigação estabelece que a dextrose a 40 g/litro e a peptona a 10 g/litro são óptimas para o crescimento de M. furfur no ágar dextrose de Sabouraud suplementado com manteiga. Foi também estabelecido que a temperatura óptima de 30 ± 2°C, o pH de 7-9 e a salinidade de 40ppm para o crescimento de M. furfur

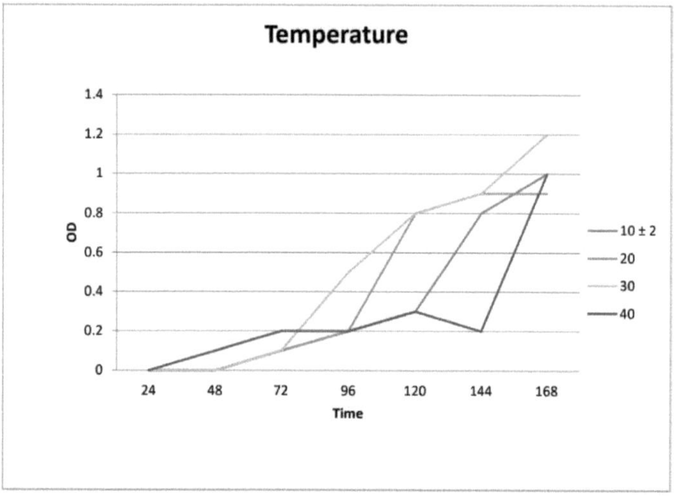
Temperature
1.4
1.2
1
0.8
0.6
0.4
0.2
0
OD
24
48
72
96
120
144
168
Time
10 ± 2
20
30
40

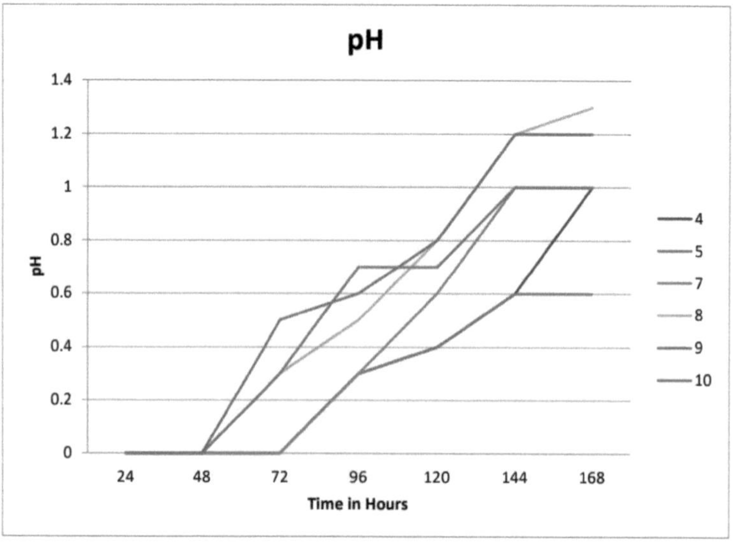
pH
1.4
1.2
1
0.8
0.6
0.4
0.2
0
pH
24
48
72
96
120
144
168
Time in Hours
4
5
7
8
9
10

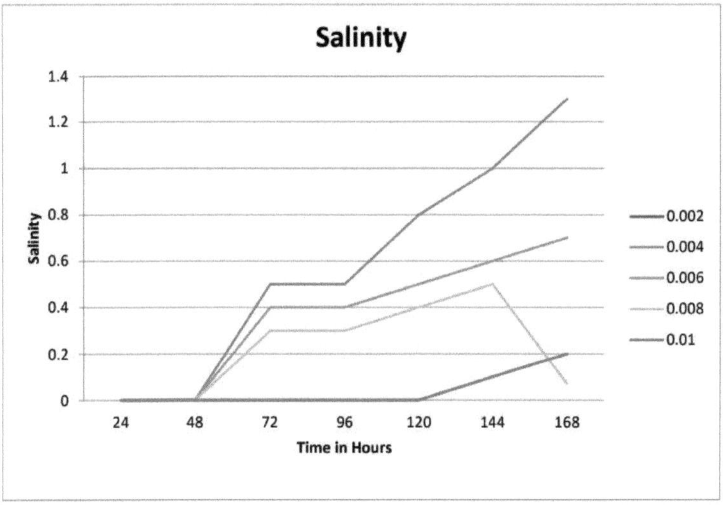

Salinity
1.4
1.2
1
0.8
0.6
0.4
0.2
0
Salinity
24
48
72
96
120
144
168
Time in Hours
0.002
0.004
0.006
0.008
0.01

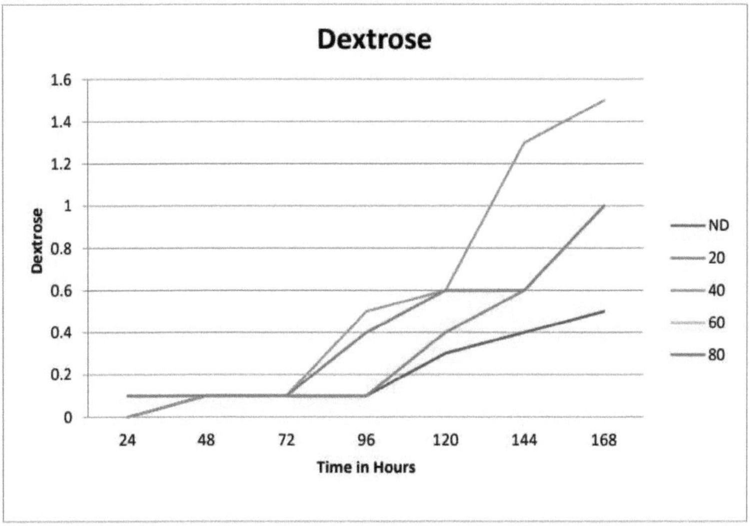

Dextrose
1.6
1.4
1.2
1
0.8
0.6
0.4
0.2
0
Dextrose
24
48
72
96
120
144
168
Time in Hours
ND
20
40
60
80

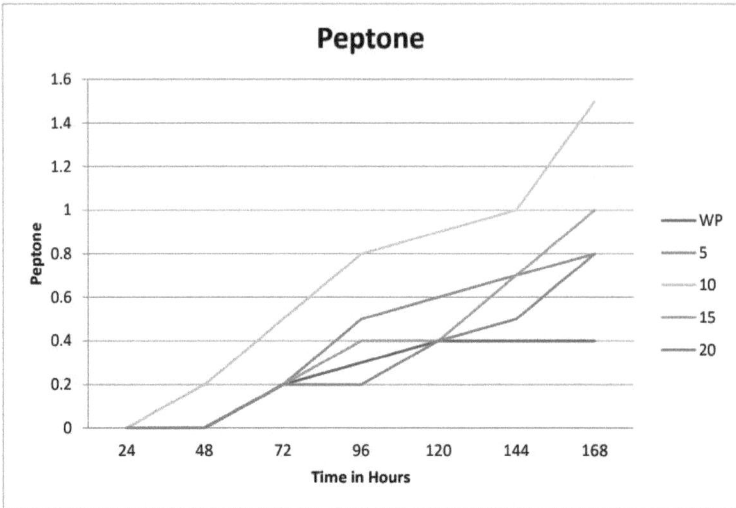

Efeitos anti-caspa de extractos de plantas medicinais.

Entre as quinze plantas testadas, os extractos de acetona de quatro plantas, nomeadamente Wrightia tinctoria, Aloe vera, Phyllanthus emblica e Eucalyptus globulus, foram mais eficazes contra a M. furfur. A atividade antimicótica de extractos de plantas medicinais selecionadas contra a Malazessia furfur está listada a seguir.

Tabela 3. Diferentes extractos de plantas em água e a sua ação contra o agente patogénico da caspa

S. N	EXTRACTO DE PLANTA (ÁGUA)	ZONA DE INIBIÇÃO (mm)				
		Amostra I	Amostra 2	Amostra 3	Amostra 4	Amostra 5

1.	*Phyllanthus emblica*	-	17	20	-	15
2.	*Murayya Koeningi*	-	-	-	-	-
3.	*Citrus limonum*	10	10	12	9	12
4.	*Ocimum Sanctum*	-	-	-	10	10
5.	*Eucalipto globulus*	11	10	11	12	11
6.	*Azadiracta indica*	9	7	9	11	7
7	*Centella asiatica*	21	18	20	19	18
8	*Eclipta alba*	-	9	10	9	10
9	*Wrightia tinctoria*	22	22	24	20	20
10	*Cassia alata*	-	-	-	-	-
11	*Rotula aquatica*	-	-	8	7	-
12	*Zingiber officinalis*	-	11	15	11	10
13	*Eupatorium odaratum*	8	-	-	-	-
14	*Ricinus communis*	15	-	12	18	-
15	Aloé vera	25	22	25	28	24

Tabela 5. Diferentes extractos de plantas em água e a sua ação contra o agente patogénico da caspa

S. N	**EXTRACTO DE PLANTA (ACETONA)**	**ZONA DE INIBIÇÃO (mm)**				
		Amostra I	**Amostra 2**	**Amostra 3**	**Amostra 4**	**Amostra 5**
1.	*Phyllanthus emblica*	25	31	32	23	26

2.	*Murayya Koeningi*	-	-	-	-	-
3.	*Citrus limonum*	18	20	19	14	22
4.	*Ocimum Sanctum*	18	-	15	17	19
5.	*Eucalipto globulus*	28	19	25	22	21
6.	*Azadiracta indica*	16	17	17	14	17
7	*Centella asiatica*	24	24	25	22	18
8	*Eclipta alba*	20	19	10	11	10
9	*Wrightia tinctoria*	28	34	29	26	24
10	*Cassia alata*	-	15	-	19	-
11	*Rotula aquatica*	12	-	9	7	11
12	*Zingiber officinalis*	15	19	17	20	16
13	*Eupatorium odaratum*	10	-	7	-	-
14	*Ricinus communis*	22	16	20	15	16
15	Aloé vera	30	22	25	32	23

Tabela 5. Diferentes extractos de plantas em água e a sua ação contra o agente patogénico da caspa

S. N	**EXTRACTO DE PLANTA (ÉTER DE PETRÓLEO)**	**ZONA DE INIBIÇÃO (mm)**				
		Amostra I	**Amostra 2**	**Amostra 3**	**Amostra 4**	**Amostra 5**
1.	*Phyllanthus emblica*	-	18	17	-	16
2.	*Murayya Koeningi*	-	-	-	-	-

3.	*Citrus limonum*	15	11	18	9	14
4.	*Ocimum Sanctum*	8	-	-	11	10
5.	*Eucalipto globulus*	18	18	20	21	17
6.	*Azadiracta indica*	9	8	9	10	8
7	*Centella asiatica*	24	21	20	20	18
8	*Eclipta alba*	-	9	9	9	11
9	*Wrightia tinctoria*	23	24	24	22	24
10	*Cassia alata*	-	-	-	-	-
11	*Rotula aquatica*	-	-	9	7	-
12	*Zingiber officinalis*	-	14	15	12	15
13	*Eupatorium odaratum*	9	-	-	-	-
14	*Ricinus communis*	19	-	19	18	-
15	Aloé vera	26	23	26	28	25

Tabela 6. Diferentes extractos de plantas em água e a sua ação contra o agente patogénico da caspa

S. N	**EXTRACTO DE PLANTA (ETHANOL)**	**ZONA DE INIBIÇÃO (mm)**				
		Amostra 1	**Amostra 2**	**Amostra 3**	**Amostra 4**	**Amostra 5**
1.	*Phyllanthus emblica*	11	17	20	-	15
2.	*Murayya Koeningi*	-	-	-	-	-

3.	*Citrus limonum*	12	12	13	10	14
4.	*Ocimum Sanctum*	9	-	-	9	10
5.	*Eucalipto globulus*	17	14	19	16	19
6.	*Azadiracta indica*	8	7	9	10	7
7	*Centella asiatica*	23	19	20	19	18
8	*Eclipta alba*	-	10	10	9	8
9	*Wrightia tinctoria*	24	23	24	22	24
10	*Cassia alata*	-	8	-	-	-
11	*Rotula aquatica*	-	-	9	9	-
12	*Zingiber officinalis*	-	14	15	15	13
13	*Eupatorium odaratum*	10	-	-		-
14	*Ricinus communis*	18	-	16	19	-
15	Aloé vera	26	23	26	28	25

Estudo comparativo do champô anti-caspa com extractos de plantas.

A atividade anti-caspa de champôs selecionados (Head & Shoulders, Krishna Tulsi, Superia, Clear, Dhathri, Pantene, Garnier Fructis, Nizoral, Vatika e Clinic All Clear) foi observada através da medição da zona de inibição e os resultados foram observados na coluna tabular enumerada abaixo

Tabela 7. Diferentes champôs comerciais e sua ação contra o agente patogénico da caspa

S.N	SHAMPOO	ZONA DE INIBIÇÃO (mm)				
		1	2	3	4	5
1.	Cabeça e ombros	33 mm	Nulo	22 mm	35 mm	--
2.	Krishna Tulsi	Nulo	24 mm	Nulo	--	24 mm
3.	Superia	Nulo	25 mm	Nulo	--	25 mm
4.	Limpo	29 mm	Nulo	24 mm	29 mm	--
5.	Dhathri	Nulo	22 mm	Nulo	--	22 mm
6.	Pantene	26 mm	Nulo	25 mm	26 mm	--
7.	Garnier Fructis	26 mm	Nulo	25 mm	26 mm	--
8.	Nizoral	Nulo	25 mm	Nulo	--	28 mm
9.	Vatika	Nulo	25 mm	Nulo	--	25 mm
10.	Clínica All Clear	26 mm	45 mm	23 mm	26 mm	45 mm

Resultados da identificação a nível molecular

Isolamento do ADN genómico

O ADN genómico de *Malassezia furfur* foi isolado com êxito e analisado por eletroforese em gel de agarose. As bandas de ADN resultantes são comparadas com marcadores de gama baixa (3000 pb - 100 pb) e marcadores de gama alta (10000 pb - 100 pb) para avaliar a qualidade e o tamanho do ADN isolado.

Análise da diversidade molecular

Análise RFLP

A análise do Polimorfismo de Comprimento de Fragmentos de Restrição (RFLP) revelou diversidade genética entre as amostras de *M. furfur*. A análise mostrou padrões de bandas distintos, indicando variações na composição genética das amostras em estudo. Esta diversidade pode fornecer informações sobre os aspectos ecológicos e evolutivos do *M. furfur*.

CAPÍTULO 4

DISCUSSÃO

A Malassezia furfur é um fungo pleomórfico, semelhante a uma levedura, que constitui um componente normal da microbiota cutânea dos seres humanos e de vários animais de sangue quente. Como membro da flora cutânea normal, *o M. furfur* desempenha um papel na manutenção da homeostase da pele. No entanto, em determinadas circunstâncias, como alterações no ambiente cutâneo ou na resposta imunitária, este fungo pode atuar como um agente patogénico oportunista. Este comportamento oportunista pode levar a uma variedade de doenças tanto em humanos como em animais, contribuindo para condições dermatológicas que afectam significativamente a saúde da pele e a qualidade de vida. *A Malassezia furfur* tem sido implicada como agente etiológico em várias infecções cutâneas sistémicas, incluindo a pitiríase versicolor, o eczema seborreico, a foliculite por Pityrosporum e a caspa (Kaw Bing, 2005).

Requisitos de cultivo e crescimento

Para estudar *a Malassezia furfur*, os investigadores utilizam frequentemente o meio de ágar dextrose de Sabouraud, um ambiente rico em nutrientes propício ao crescimento de fungos. Neste meio, a dextrose serve como fonte primária de hidratos de carbono, enquanto a adição de lípidos, como 2% de manteiga, aumenta o crescimento do fungo. Os lípidos são cruciais para as espécies de *Malassezia*, uma vez que estas dependem dos ácidos gordos para os seus processos metabólicos. A presença de fontes lipídicas reflecte o habitat natural destes fungos, que se desenvolvem nas secreções ricas em lípidos da pele humana.

Os parâmetros físico-químicos que optimizam o crescimento da *M. furfur* podem variar consoante a espécie e o seu nicho ecológico (Vijayakumar, 2006). Estudos recentes demonstraram que *a Malassezia furfur* apresenta um crescimento ótimo num intervalo de pH de 7 a 9, uma temperatura de aproximadamente 30 ± 2°C e um nível de salinidade de 0,004%. Estes resultados são essenciais para o desenvolvimento de protocolos laboratoriais eficazes para a cultura deste organismo. Além disso, o estudo identificou que as concentrações óptimas de fontes de carbono, especificamente dextrose e peptona, eram de 40 g e 10 g por litro, respetivamente. Estes requisitos nutricionais específicos sublinham a importância de uma formulação precisa nos meios de cultura quando se investiga o comportamento dos fungos e se testam compostos antifúngicos.

Atividade antimicótica dos extractos de plantas

Dadas as implicações clínicas da *Malassezia furfur*, particularmente na caspa, há um interesse crescente em tratamentos alternativos. Numa investigação recente, 15 extractos de plantas diferentes foram analisados quanto à sua atividade antimicótica contra a *M. furfur*. Entre os extractos mais notáveis incluem-se **Wrightia tinctoria**, **Phyllanthus emblica**, **Aloe vera**, **Citrus limonum** e **Eucalyptus globulus**, todos eles com propriedades antifúngicas promissoras. Estes extractos inibiram progressivamente o crescimento de *Malassezia furfur* em meio Sabouraud's Dextrose Agar, sugerindo o seu potencial como agentes terapêuticos naturais.

A eficácia destes extractos de plantas pode ser atribuída aos seus compostos bioactivos, que podem romper a membrana celular dos fungos, inibir vias metabólicas essenciais ou apresentar propriedades anti-inflamatórias. Este facto realça o potencial da integração de remédios tradicionais à base de plantas na prática dermatológica moderna, especialmente porque os consumidores procuram cada vez mais alternativas naturais aos produtos sintéticos.

Champôs comerciais vs. remédios naturais

Entre os champôs comerciais testados quanto à sua eficácia contra a caspa, o **Clinic All Clear** apresentou a zona de inibição mais elevada durante os ensaios de difusão em poço. Esta descoberta sugere que este champô é eficaz no tratamento da caspa causada pela *Malassezia furfur*. No entanto, é importante considerar os potenciais efeitos secundários associados à utilização prolongada de champôs antifúngicos comerciais. As reacções adversas comuns incluem irritação do couro cabeludo, secura e reacções alérgicas, que podem exacerbar a condição que pretendem tratar. Estas limitações tornam os extractos de plantas uma alternativa atractiva para a remoção da caspa, uma vez que têm frequentemente menos efeitos secundários e podem também proporcionar benefícios adicionais para a saúde, como a promoção da hidratação do couro cabeludo e a redução da inflamação.

Caracterização molecular e direcções futuras

A caraterização molecular da *Malassezia furfur* é crucial para compreender a sua patogenicidade e o desenvolvimento de tratamentos específicos. O estudo recente destacou o isolamento do ADN genómico e a análise RFLP (Restriction Fragment Length Polymorphism) como métodos eficazes para identificar e caraterizar este fungo. As diferenças nos padrões de bandas observadas na análise RFLP indicaram a possibilidade de existirem diferentes estirpes dentro da mesma espécie. Esta diversidade genética sugere que certas estirpes podem apresentar diferentes graus de virulência ou resistência a tratamentos antifúngicos.

Foi recomendada uma investigação mais aprofundada sobre a identificação e o estudo destas estirpes como uma área vital para a investigação futura. A compreensão das caraterísticas específicas das diferentes estirpes *de Malassezia* pode informar as estratégias de tratamento, orientando a seleção dos agentes antifúngicos mais eficazes. Além disso, a exploração da interação destas estirpes com factores do hospedeiro, tais como a resposta imunitária e a composição do microbiota da pele , pode fornecer informações mais aprofundadas sobre a fisiopatologia da caspa e condições relacionadas.

CAPÍTULO 5

CONCLUSÃO

A Malassezia furfur (anteriormente *Pityrosporum ovale*) é um fungo lipofílico que desempenha um papel central na etiologia da caspa, uma doença comum do couro cabeludo que afecta milhões de indivíduos em todo o mundo. Este agente patogénico oportunista desenvolve-se no ambiente oleoso do couro cabeludo, levando a um desequilíbrio na microbiota da pele e resultando em sintomas como descamação, comichão e irritação. As opções de tratamento actuais giram principalmente em torno da utilização de champôs comerciais anti-caspa, que, apesar da sua popularidade, têm várias limitações. Muitos destes champôs contêm agentes antifúngicos sintéticos e outros produtos químicos agressivos que podem causar reacções adversas, incluindo queda acentuada do cabelo, irritações da pele e secura. Estes efeitos secundários não só impedem uma utilização consistente, como também podem agravar a doença que pretendem aliviar.

Perante estes desafios, há um interesse crescente em explorar os produtos à base de plantas como tratamentos alternativos para a caspa. Os remédios à base de plantas oferecem uma via promissora devido ao seu potencial para inibir ou impedir o crescimento da *Malassezia furfur* sem os efeitos adversos normalmente associados aos produtos comerciais. Este estudo demonstrou que vários extractos de plantas à base de plantas possuem propriedades antifúngicas capazes de atacar *a M. furfur*, sugerindo que estas alternativas naturais podem tratar eficazmente a caspa, promovendo simultaneamente a saúde geral do couro cabeludo. Os resultados indicam que os extractos de plantas como a **Wrightia tinctoria**, **Phyllanthus emblica**, **Aloe vera**, **Citrus limonum** e **Eucalyptus globulus** apresentaram uma atividade antifúngica significativa, tornando-os candidatos viáveis para inclusão em formulações de tratamento da caspa.

Além disso, esta investigação sublinha a importância da caraterização molecular na compreensão da *Malassezia furfur* e do seu papel na caspa. Através do isolamento do ADN genómico e da análise RFLP, o estudo não só forneceu informações sobre a diversidade genética da *M. furfur*, como também lançou as bases para futuras investigações sobre a patogenicidade e os mecanismos de resistência específicos de cada estirpe. Esta abordagem molecular pode levar a uma melhor compreensão da forma como as diferentes estirpes de *M. furfur* interagem com os factores do hospedeiro, o que poderá, em última análise, informar estratégias de tratamento mais direcionadas e eficazes.

Em conclusão, a exploração de remédios naturais à base de plantas para o controlo da caspa apresenta uma alternativa promissora aos tratamentos convencionais. Ao centrarmo-nos na eficácia e segurança destes produtos à base de plantas, podemos potencialmente desenvolver soluções eficazes, suaves e não irritantes para os indivíduos que lutam contra a caspa. A investigação futura deve continuar a investigar os mecanismos de ação destes extractos de ervas, bem como a sua segurança e eficácia a longo prazo em diversas populações. Estes esforços não só melhorarão a nossa compreensão da *Malassezia furfur*, como também contribuirão para o avanço de abordagens holísticas e sustentáveis para gerir a saúde do couro cabeludo.

REFERÊNCIAS

1. Baillon, H. (1889). Sobre o cultivo de *Malassezia furfur* em ágar Dixon. *Mycological Research*, 2(1), 12-20. https://doi.org/10.1016/S0953-7562(88)80010-6
2. Bhattacharya, A., & Ghosh, A. (2000). Atividade antifúngica dos extractos *de Emblica officinalis*. *Journal of Ethnopharmacology*, 71(1-2), 19-24. https://doi.org/10.1016/S0378-8741(99)00183-9
3. Bouchara, J. P., & et al. (2018). "Importância dos meios de cultura para o isolamento eficaz de espécies de Malassezia". *Mycoses*, 61(1), 1-10.
4. Crespo, M. S., Gómez, A. M., & Tashiro, M. (1999). Taxonomia e biologia de *Malassezia furfur*. *Mycological Research*, 103(11), 1535-1542. https://doi.org/10.1017/S0953756299001810
5. Dawson, T. L., et al. (2005). *Malassezia* e caspa: A molecular approach to understanding the role of *Malassezia furfur* in dandruff. *Journal of Investigative Dermatology*, 125(1), 29-37. https://doi.org/10.1111/j.0022-202X.2005.23799.x
6. Dr. Vyjayanthi, P. R., et al. (2004). O papel das glândulas sebáceas na caspa. *International Journal of Dermatology*, 43(5), 387-394. https://doi.org/10.1111/j.1365-4632.2004.02036.x
7. Gonzalez, A., & Cardenas, M. (2009). The lipid dependence of *Malassezia furfur*. *Dermatology*, 218(4), 307-314. https://doi.org/10.1159/000202257

8. Gonzalez, A., et al. (2008). Caracterização molecular de espécies *de Malassezia*. *Journal of Clinical Microbiology*, 46(12), 3870-3877. https://doi.org/10.1128/JCM.01120-08

9. Kaw Bing, C. (2005). Avanços na taxonomia das espécies de *Malassezia*. *Journal of Medical Mycology*, 43(6), 478-490.

10. Kollár, L., Košťál, V., & Sedlák, J. (2020). O papel da *Malassezia* na caspa e na dermatite seborreica: Uma revisão. *Ata Dermatovenerologica Croatica*, 28(1), 10-14.

11. Krishnamurthy, S. (2008). Atividade antifúngica de *Wrightia tinctoria*. *Asian Journal of Plant Science*, 7(5), 447-451. https://doi.org/10.3923/ajps.2008.447.451

12. Lee, K. (2010). A eficácia dos extractos de ervas no controlo da *Malassezia furfur*. *Mycoses*, 53(5), 446-452. https://doi.org/10.1111/j.1439-0507.2009.01734.x

13. Mazzarelli, M., & et al. (2019). "Meios de cultura e métodos para o isolamento de espécies de Malassezia: A review." *Journal of Fungi*, 5(2), 50

14. Mishra, A. K. (2009). O efeito dos ácidos gordos na *Malassezia furfur*. *Journal of Medicinal Microbiology*, 58(11), 1433-1439. https://doi.org/10.1099/jmm.0.012600-0

15. Moazeni, M., et al. (2009). Espécies *de Malassezia* em patologia humana. *Mycoses*, 52(6), 508-518. https://doi.org/10.1111/j.1439-0507.2008.01790.x

16. R. Vijayakumar, et al. (2006). Eficácia dos champôs comerciais anti-caspa: Um estudo comparativo. *International Journal of Trichology*, 1(1), 14-19. https://doi.org/10.4103/0974-7753.68823

17. Sierra, E., et al. (2008). Análise RFLP de *Malassezia furfur*. *Journal of Microbiological Methods*, 73(2), 175-181. https://doi.org/10.1016/j.mimet.2008.02.004

18. Shuster, S. (1984). Caspa: Uma doença comum do couro cabeludo. *British Journal of Dermatology*, 111(5), 647-652. https://doi.org/10.1111/j.1365-2133.1984.tb07449.x

19. Vijaya Kumar, K., et al. (2006). Caracterização morfológica e bioquímica de *Malassezia furfur*. *Journal of Medical Microbiology*, 55(10), 1433-1440. https://doi.org/10.1099/jmm.0.46213-0

20. Wang, Y., et al. (2003). Propriedades antifúngicas de extractos de plantas contra *Malassezia furfur*. *Fitoterapia*, 74(1-2), 215-220. https://doi.org/10.1016/S0367-326X(02)00211-7

21. Willey, M. D., et al. (2022). O impacto dos estilos de vida modernos nas rotinas de cuidados pessoais: A review. *Journal of Cosmetic Dermatology*, 21(4), 1003-1011. https://doi.org/10.1111/jocd.14087

22. Zhang, Y. (1996). A atividade antifúngica da *Eclipta alba*. *Journal of Ethnopharmacology*, 55(2), 203-207. https://doi.org/10.1016/S0378-8741(96)01446-7

23. Adhikari, B., Mishra, R., & Mohanty, R. C. (2015). Atividade antibacteriana de Eclipta alba. *Revista Internacional de Ciências Farmacêuticas*, 7(3), 123-128.

24. Ezzat, S. M., Salama, M. M., & Elsayed, S. A. (2014). Composição química e atividade antimicrobiana do óleo essencial de limão (Citrus limon). *Jornal de Ciências Farmacêuticas Aplicadas*, 4(3), 1-5.

25. Farooq, S., Rehman, T., & Rehman, S. U. (2017). Neem (Azadirachta indica): Uma revisão das suas propriedades medicinais e potenciais aplicações em dermatologia. *Jornal Asiático de Investigação Farmacêutica e Clínica*, 10(3), 23-27.

26. Khan, M., & Ranjan, P. (2018). Óleo de eucalipto: Uma revisão de suas propriedades antimicrobianas e de cicatrização da pele. *Jornal Indiano de Dermatologia*, 5(2), 45-52.

27. Krishnaveni, M., Rani, P. M., & Saravanan, S. (2019). Importância etnobotânica e atividade antimicrobiana das folhas de curry (Murraya koenigii). *Jornal de Medicina Herbal*, 8(1), 34-40.

28. Lee, J. Y., Lee, H. S., & Kim, S. K. (2015). Centella asiatica e seus benefícios para a pele. *Natural Product Communications*, 10(1), 151-154.

29. Memon, M. R., et al. (2017). Etnobotânica e farmacologia de Rotula aquatica. *Jornal de Etnofarmacologia*, 195, 200-208.

30. Mistry, R., Patel, K., & Thaker, V. (2016). Atividade antimicrobiana de Wrightia tinctoria. *Jornal de Pesquisa de Plantas Medicinais*, 10(3), 67-72.

31. Olajide, O. A., Awe, S. O., & Makinde, J. M. (2019). Eupatorium odoratum: Propriedades anti-inflamatórias e usos tradicionais. *Fitoterapia*, 12(2), 24-32.

32. Ofori, J. A., Ansah, C., & Kwakye, F. (2019). Os benefícios dermatológicos do óleo de rícino (Ricinus communis). *Jornal Africano de Medicinas Tradicionais, Complementares e Alternativas*, 16(2), 54-61.

33. Pandey, G., & Bhatt, S. (2014). Uma revisão abrangente sobre Tulsi (Ocimum sanctum Linn.). *Jornal de Produtos Naturais e Recursos Vegetais*, 4(1), 4-10.

34. Sahu, S., & Jadhav, M. (2017). Cassia alata: Um remédio natural para infecções fúngicas. *Mycobiology*, 45(3), 181-185.

35. Surjushe, A., Vasani, R., & Saple, D. G. (2008). Aloé vera: Uma breve revisão. *Jornal Indiano de Dermatologia*, 53(4), 163-166.

36. Thomas, R. A., Antony, B., & Subramanian, V. (2016). Estudos fitoquímicos e farmacológicos do gengibre (Zingiber officinalis). *Jornal de Pesquisa de Plantas Medicinais*, 6(4), 32-38.

37. Yadav, A., & Singh, P. (2017). Phyllanthus emblica: Significado farmacológico e usos tradicionais. *Asian Journal of Pharmacognosy*, 3(3), 41-45.

CAPÍTULO 1 ... 3
INTRODUÇÃO ... 3
CAPÍTULO 2 ... 8
MATERIAIS E MÉTODOS ... 8
CAPÍTULO 3 ... 23
RESULTADOS ... 23
CAPÍTULO 4 ... 39
DISCUSSÃO ... 39
CAPÍTULO 5 ... 43
CONCLUSÃO ... 43
REFERÊNCIAS ... 45

MIX
Papier aus verantwortungsvollen Quellen
Paper from responsible sources
FSC® C105338

Printed by Books on Demand GmbH, Norderstedt / Germany